C'est quoi l'écologie ?

La collection *Les grands entretiens*
est dirigée par Jean Viard

Série *Les grands entretiens d'Émile*
animée par Jean Bojko

« Dieu n'a pas créé l'homme, il a créé le point d'interrogation ! » reprennent en chœur les moines (malicieux) de l'Abbaye du Jouïr qui s'associent cette fois aux éditions de l'Aube pour colporter cette idée (renversante) selon laquelle :

« C'est le point d'interrogation qui a créé l'homme ! »

Sitôt dit, sitôt fait ! Le jeune Émile (c'est son vrai prénom), élève au collège qui jouxte leur abbaye (du Jouïr à Corbigny), fut embarqué au nez et à la barbe de ses professeurs et de ses camarades pour s'en aller questionner des penseurs, des poètes, des chercheurs qui depuis longtemps naviguent sur l'océan du savoir, de la connaissance, des idées, de l'esprit…

Les interrogations ? Un vrai plaisir, nous dit Émile.

Jean Bojko

« Danse, danse, ma jolie danse.
Danse, danse, mon esprit danse.
Celui qui danse chemine sur l'eau
Et à l'intérieur d'une flamme »
Federico García Lorca

www.editionsdelaube.com

ISBN 978-2-8159-1179-5

Jean-Marie Pelt

C'est quoi l'écologie ?

entretiens avec Émile

Illustrations de Pascal Lemaître

éditions de l'aube

Du même auteur (extraits) :

La Terre en héritage, Fayard, 2000, 2003
Les Nouveaux Remèdes naturels, Fayard, 2001, 2003
L'Avenir droit dans les yeux, Fayard, 2003
Le Nouveau Tour du monde d'un écologiste, Fayard, 2005
C'est vert et ça marche !, Fayard, 2007
Nature et Spiritualité, Fayard, 2008
La Raison du plus faible, Fayard, 2009
L'Évolution vue par un botaniste, Fayard, 2011

Jean-Marie Pelt. – Tu sais que Jean-Jacques Rousseau a écrit un livre sur la façon d'élever, d'éduquer les enfants qui s'intitule *Émile* ? Ce qui ne l'a pas empêché de ne pas élever les siens...

Émile[1]. – Je ne savais pas. C'est curieux comme attitude ! C'est comme si vous, vous parliez d'écologie sans en tenir compte dans la vie de tous les jours... Comment vous la définissez vous, l'écologie, monsieur Pelt ?

Jean-Marie Pelt. – Ah ! Ah ! Ça, c'est une très bonne question ! Tout le monde utilise ce mot, « écologie », mais qui en connaît réellement la définition ?

Le mot écologie a été créé à partir de la racine grecque *oikos*, qui veut dire « maison », et de *logos*, qui signifie « discours, connaissance ».

C'est un mot qui a été inventé par un zoologiste allemand, Ernst Haeckel, en 1866 pour parler d'une science où il est question de la

1. Nous présentons Émile en fin de volume.

relation des êtres vivants avec leur milieu. Et il a ajouté : « Cette relation peut être amicale ou antagoniste. » Lorsqu'elle est antagoniste, il peut y avoir compétition et quand elle est amicale, il y a coopération. C'est une très bonne définition.

Elle a peut-être un point faible : elle n'intègre pas l'homme dans cette relation entre les êtres vivants et leur milieu et elle est ainsi longtemps restée une sous-discipline des sciences naturelles avec des gens, des scientifiques, qui considèrent tout cela du dehors.

Au sein de l'Institut européen d'écologie de Metz où nous sommes actuellement tous les deux, nous avons une vision différente de l'écologie, où l'homme est partie prenante. En effet, l'homme joue un rôle majeur dans le rapport du vivant à son milieu. Il a le pouvoir de modifier la nature. Souvent, il la détruit alors qu'il devrait la protéger.

L'homme a ainsi créé des environnements qui lui sont spécifiques. La ville, par exemple. La ville est une élaboration humaine. On ne peut plus dire qu'il s'agit d'un milieu naturel, même si on fait des efforts pour faire entrer la nature dans la ville. Mais est-ce que la campagne est encore un milieu naturel ? On peut se poser la question. L'homme a largement modifié le milieu naturel à son avantage.

Tu vois, Émile, j'ai habité très longtemps à la campagne, quand j'étais petit garçon. Mon grand-père était un jardinier, pas très loin de chez toi, dans l'Allier. Ce qui fait que j'ai toujours été proche de cette nature. Comme toi, certainement…

Aujourd'hui, quand on parle d'écologie, on aborde un domaine bien plus vaste que celui qu'évoquait Ernst Haeckel. L'écologie s'occupe de démographie, d'aménagement urbain, de développement des villes, des questions d'énergie aussi, des déséquilibres dus aux activités humaines comme les gaz à effet de serre, les taux de carbone, les pollutions agricoles, des questions industrielles, alimentaires.

Le champ de l'écologie est devenu très vaste. Il englobe d'autres champs de la connaissance, extrêmement différents de ce que l'on appelait précédemment les sciences naturelles. Tellement vaste qu'une vision synthétique, c'est-à-dire une vision qui puisse englober tout cela, est parfois très difficile. Mais rappelle-toi déjà que l'écologie concerne le rapport à notre milieu de vie, à notre « maison » à tous, la Terre, comme le signifie la racine grecque *oikos* que j'ai évoquée au début.

Émile. – L'écologie est partout maintenant. Le mot est utilisé à toutes les sauces. Cela n'a pas toujours été le cas ?

Jean-Marie Pelt. – Oui, bien sûr. L'écologie est restée très longtemps une sous-discipline de la biologie et était par conséquent entre les mains de scientifiques qui, dans diverses régions, étudiaient, par exemple, la végétation ou les comportements des animaux et les relations entre les animaux et les plantes.

C'est à partir des années 1960-1970, et grâce au mouvement hippie, initié par les jeunes aux États-Unis, que s'est manifestée une sorte de revendication d'un nouveau rapport à la nature qui entendait s'opposer à la société de consommation américaine. C'est parti de là, de Californie. C'est ensuite devenu à la mode dans le monde entier.

À partir de Mai 68 et peu de temps après, l'écologie est devenue cette idée sociale, qu'elle est aujourd'hui encore, de sorte que l'on peut

dire que c'est à la fois une science pour les scientifiques et un mouvement d'idée pour tous les autres. Ce mouvement d'idée s'amplifie. De plus en plus de gens sont sensibles à ce thème, que ce soit pour ce qui est des OGM, des pollutions, des constructions en milieu urbain, et ainsi de suite.

Émile. – Est-ce que vous considérez que c'est à la pointe du progrès que de produire sa propre nourriture dans son jardin ?

Jean-Marie Pelt. – Je vais te répondre que oui. Bien sûr. Produire sa propre nourriture… Mais à condition de ne pas utiliser de pesticides. À condition de faire son jardin intelligemment. Il faut avoir un peu de métier, des connaissances, il faut potasser, s'informer, réfléchir. Sinon, il ne s'agit pas d'un progrès mais d'une individualisation de certaines pratiques collectives nocives pour notre milieu de vie. Tu comprends, Émile : cultiver son jardin, oui, mais en faisant du bio. En prenant soin de faire soi-même son compost, c'est-à-dire ce qui va venir amender, enrichir, nourrir les plantes. Intelligemment, cela veut dire aussi que

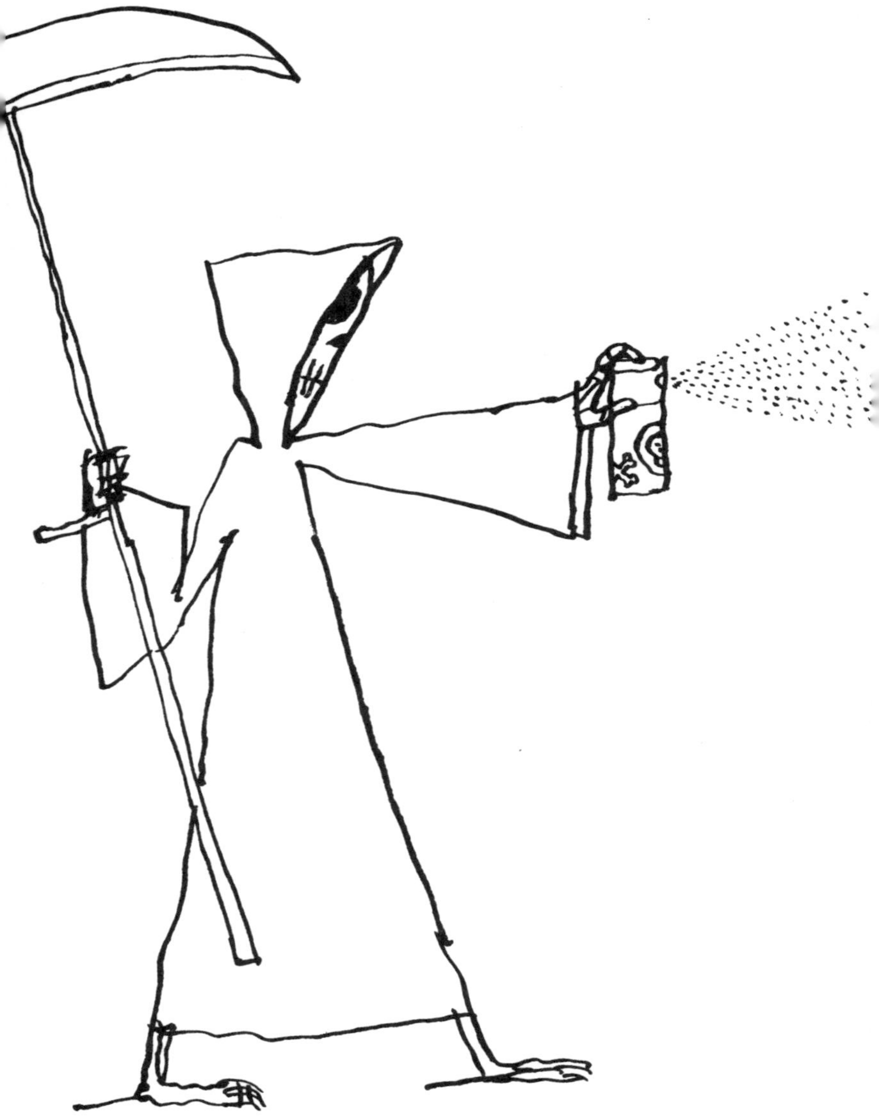

OGM

ce n'est pas la peine de balancer à tout va du Roundup, du désherbant chimique, dès qu'une herbe nous gêne.

Bien sûr que c'est très important de faire un jardin!

D'une part, parce que ça nous fournit de la nourriture dont nous connaissons la qualité, l'origine. Et d'autre part, parce que ça nous fait rentrer dans les rythmes de la nature. Tu comprends…

Si tu sèmes des radis, tu vas les avoir quelques semaines après. Si ce sont des carottes, ce sera un peu plus long. Si ce sont des choux, ce sera encore plus long. On a des rythmes différents, propres à chacune des plantes. Et si tu marches là où tu as semé, eh bien! cela ne pousse pas. Tu dois faire attention où tu mets les pieds. Tu ne peux pas faire n'importe quoi. Tu dois réfléchir, tenir compte de l'autre, de la plante. Tu dois attendre et patienter. Quand tu dois t'inscrire dans ces rythmes, tu fais partie d'un milieu qui vit avec toi et d'où tu peux tirer de quoi vivre, mais en essayant de ne pas mettre tout cela en danger.

Émile. – Aujourd'hui, on peut manger des légumes hors saison qui viennent de très loin.

Jean-Marie Pelt. – C'est un problème sérieux, tu as raison, Émile. Pour ce qui est de l'alimentation, il faut essayer de suivre le rythme de la nature. La proximité le permet. Se nourrir avec des légumes et des fruits de saison, c'est une façon de diminuer les coûts des transports, les pesticides, les conservateurs. Cela donne une garantie, cela situe la personne dans une bonne relation à la nature. C'est toute l'alchimie du jardin.

Émile. – Est-ce qu'on peut dire qu'on se nourrit mal aujourd'hui quand on consomme des légumes hors saison ?

Jean-Marie Pelt. – Oui. Forcément, parce qu'on ne respecte pas ces rythmes profonds. À grande échelle, cela devient une aberration. Un ami m'a raconté une histoire. Un accident a eu lieu sur l'autoroute, du côté de Lyon : un camion transportait des tomates cultivées en Espagne vers le nord de l'Europe. Ce camion a percuté un autre un camion qui transportait, lui, des tomates cultivées sous serres en Hollande vers l'Italie.

Tu vois l'absurdité du système.

Émile. – Il serait plus logique que les tomates d'ici soient mangées ici et que celles d'ailleurs soient mangées ailleurs.

Jean-Marie Pelt. – Bien sûr ! Il faut revoir tout cela. Reconsidérer la production agricole, les marchés, de manière à revenir à une grande part d'autosuffisance au niveau des régions et des pays.

Émile. – Vous n'avez pas l'impression qu'on en connaît moins sur les plantes que les anciens ?

Jean-Marie Pelt. – Nous n'avons plus le même rapport à la nature. Aujourd'hui, on achète ce dont on a besoin au coin de la rue. Nous avons, y compris bon nombre d'habitants de la campagne, adopté un mode de vie urbain basé sur la consommation et tout ce que cela entraîne pour ce qui est de l'économie, de la communication, des habitudes alimentaires, sanitaires, sociales.

Dans ce monde-là, le fermier qui vit au rythme de l'autosuffisance et des ressources de la proximité devient un marginal, avec cette nécessité d'assumer un certain décalage par rapport

CAiR

aux pratiques sociales majoritaires. Et ses enfants n'ont pas envie d'avoir la vie contraignante de papa et maman. Pas de temps pour aller en vacances, des animaux dont il faut s'occuper, des récoltes, des cueillettes ! Le quotidien qui assure la subsistance considéré comme du travail, du labeur, de la pénibilité… et pas comme de la qualité de vie.

C'est la raison pour laquelle les jeunes s'éloignent du savoir de leurs parents. On est conditionné à des désirs liés à la société de consommation. Ce que les jeunes trouvent bon, c'est le Coca-Cola et pas la boisson bio fabriquée par leurs parents comme cela se faisait à une époque et que l'on trouve parfois maintenant dans des magasins de luxe. C'est vrai ici, mais encore plus vrai dans les pays tropicaux où les communautés humaines sont elles-mêmes interpellées par la technologie ; et le papa, s'il est guérisseur, ne pourra pas transmettre son savoir sur les plantes à ses enfants qui en sont aux boissons industrielles.

La transmission des connaissances ne se fait plus entre les parents et les enfants parce que le monde change très vite et que les habitudes liées à une génération ne collent plus à celles de la génération qui suit.

ESCARGOT
FEUILLE

CHOSE

Pour ce qui est de la connaissance de son milieu, le Muséum d'histoire naturelle, haut lieu de la nature créé il y a quatre siècles, a développé un projet intéressant qui consiste à mettre en relation des scientifiques avec des élèves de différentes écoles. Les chercheurs suivent l'évolution de la biodiversité en prenant en compte les observations des élèves dans leur propre milieu. Les enfants sont invités à observer les différentes espèces de papillons, d'escargots, d'oiseaux, de plantes aussi, à faire des comptages. Ils transmettent tout cela, avec l'aide de leur maître ou de leur maîtresse, au Muséum. C'est un beau programme qui redonne aux enfants le goût de la découverte, de la connaissance, qui leur permet de renommer les choses, de les reconnaître, de comprendre leur utilité. On ne peut aimer que ce que l'on connaît.

Émile. – À l'école, est-ce que vous pensez qu'on nous apprend assez de choses sur les végétaux, sur les légumes, sur notre environnement naturel ?

Jean-Marie Pelt. – Pas assez. On avait autrefois « les leçons de choses » pour cela. On nous faisait étudier la pomme par exemple : le fruit, bien sûr, mais aussi l'arbre. La façon de le faire pousser, de le tailler, de le faire fructifier, de l'entretenir. À ton âge, Émile, j'apprenais ce genre de choses, très proche de ma réalité, de ma vie. Tu peux accéder à une réflexion scientifique à partir de tout ce qui t'entoure. Sais-tu qu'il existe plus de dix mille variétés de pommes ? Plus de trois mille variétés de pommes de terre ?

Tout cela s'est complètement perdu, parce que la science s'est un petit peu décalée par rapport à la réalité. Elle s'est desséchée et elle ne prend pas en considération l'émotion liée à la proximité. Tout paraît très loin du monde dans lequel on évolue.

Tu vois, je suis botaniste de métier mais je suis aussi très sensible à la beauté de la nature. C'est en dehors du monde de la science. Mais comme c'est le monde la science qui génère les programmes de l'Éducation nationale, il y a un manque de ce point de vue-là qui est incontestable.

Gandhi, qui s'est battu pour l'indépendance de l'Inde, disait : « L'éducation, c'est la tête, le savoir, l'intellect, les mains… mais l'on oublie totalement le savoir de l'esprit et du cœur. »

On oublie d'apprendre d'autres modalités de fonctionnement pour ce qui est de la vie en société, du rapport avec la nature. On oublie ce qui relève de l'éthique, c'est-à-dire de la façon de se comporter, d'être, d'agir envers ce qui nous entoure. Il y a là un manque très très important à mes yeux.

Émile. – Peu de gens remarquent la beauté de la nature. Il faut que tout serve à quelque chose.

Jean-Marie Pelt. – À la télé, le mot « beauté » et le mot « bonté » ne sont plus présents. Au Moyen Âge, on disait : « Dieu est beau. » On considérait que la beauté, c'était la bonté de l'âme. C'est très beau, cela. Évidemment, aujourd'hui, on a moins d'attache spirituelle, c'est une dimension qui manque au monde dans lequel nous vivons, qui est extrêmement matérialiste et, de ce point de vue, réductionniste.

Il y a un manque... Et Gandhi, encore lui, disait que ce manque devait être compensé par une approche particulière dans l'éducation.

J'ai des amis qui sont en train de mettre au point des programmes éducatifs où il y a

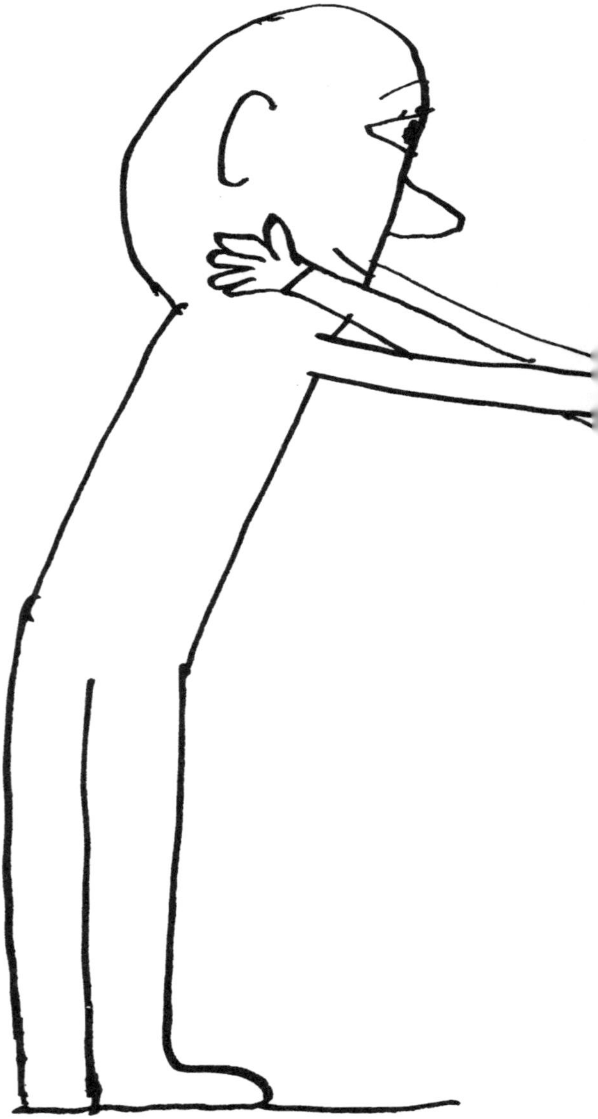

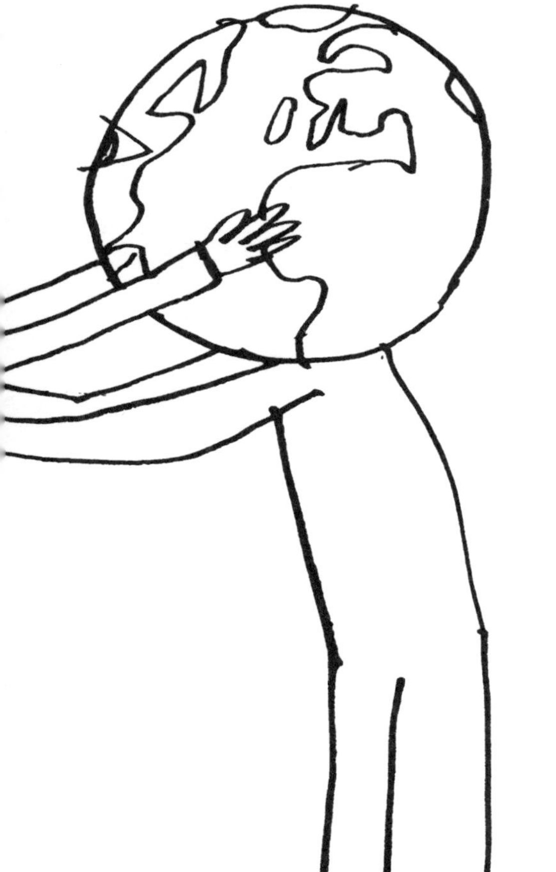

précisément cette dimension aussi. Il s'agit d'apprendre la manière de vivre au mieux avec soi-même et avec les autres.

Émile. – Et ça, pourquoi on ne l'a pas fait plus tôt ?

Jean-Marie Pelt. – (rires) Parce qu'on manque de gens comme toi ! Parce que, toi, tu le feras quand tu seras plus grand. Il n'y a pas de demande. Les gens sont très formatés par le monde des médias, par les *people*, par le monde de l'animation, du divertissement, de l'Internet... Si bien que l'essentiel, on l'a perdu.

C'est la raison pour laquelle des chefs indiens, au moment où les Anglais sont arrivés, ont écrit des textes admirables au président des États-Unis pour lui expliquer que l'on ne pouvait pas prendre leurs terres parce que les terres n'étaient pas à vendre. Dans leur culture, la terre ne peut pas être une propriété...

Toute cette sensibilité a disparu avec la technologie. Ce qui est fait par l'homme a pris plus d'importance que ce qui n'est pas fait par l'homme – c'est-à-dire la nature.

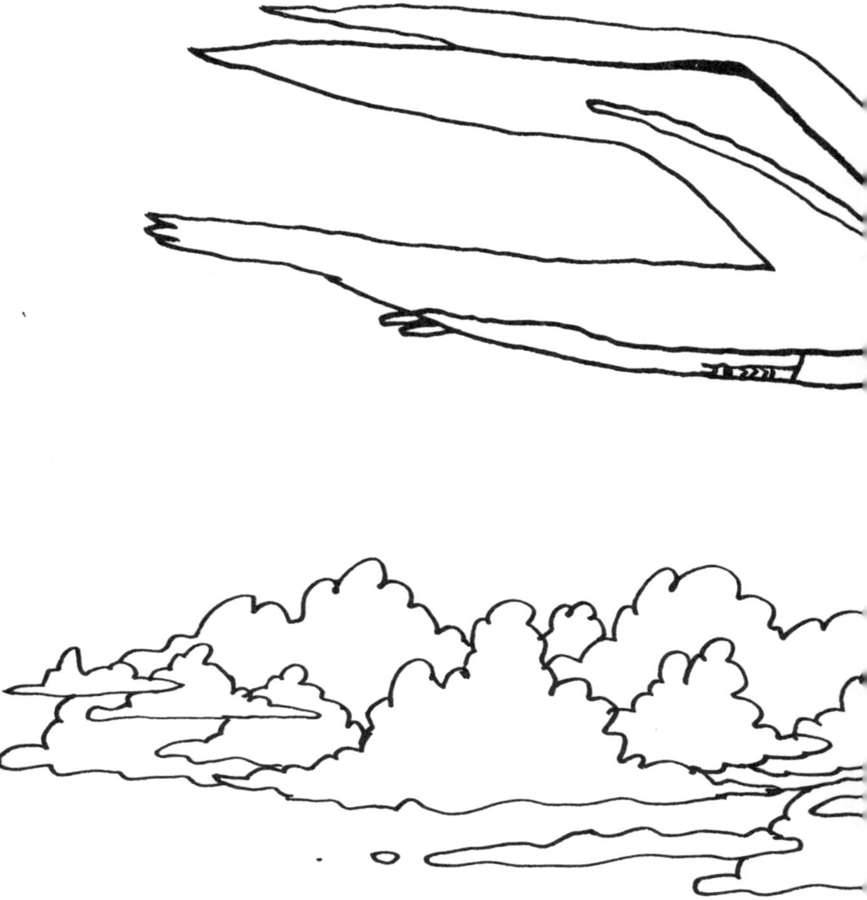

La technologie, ce sont les productions de l'homme ; la nature, c'est ce qui nous précède et nous entoure et que nous n'avons pas créé.

C'est quelque chose que l'on a vraiment oublié et qu'il faut remettre dans les systèmes éducatifs. J'ai fait une conférence, l'autre soir, et j'ai été interpellé par un jeune étudiant qui disait exactement ce que tu dis. En première année de biologie à la faculté, tout lui paraissait glacé, froid.

« La beauté, l'émotion que l'on ressent, je ne la sens pas du tout dans les cours en faculté, la nature est complètement dégarnie, comme si c'était un matériau inerte que l'on peut bricoler comme on veut », me lançait-il. Je lui ai conseillé de s'intégrer à une association où il pourrait participer à des activités en rapport avec la nature. Ce qui lui permettrait, parallèlement à ces études décevantes, de faire son chemin et d'explorer d'autres voies, d'autres façons de faire, d'autres façons d'apprendre.

Je lui ai parlé d'un jeune homme qui, comme lui, m'avait interpellé lors d'une conférence. « C'est effrayant, j'ai complètement raté ma vocation. Je voulais faire un travail sur la nature et voilà, je suis dans une faculté où je

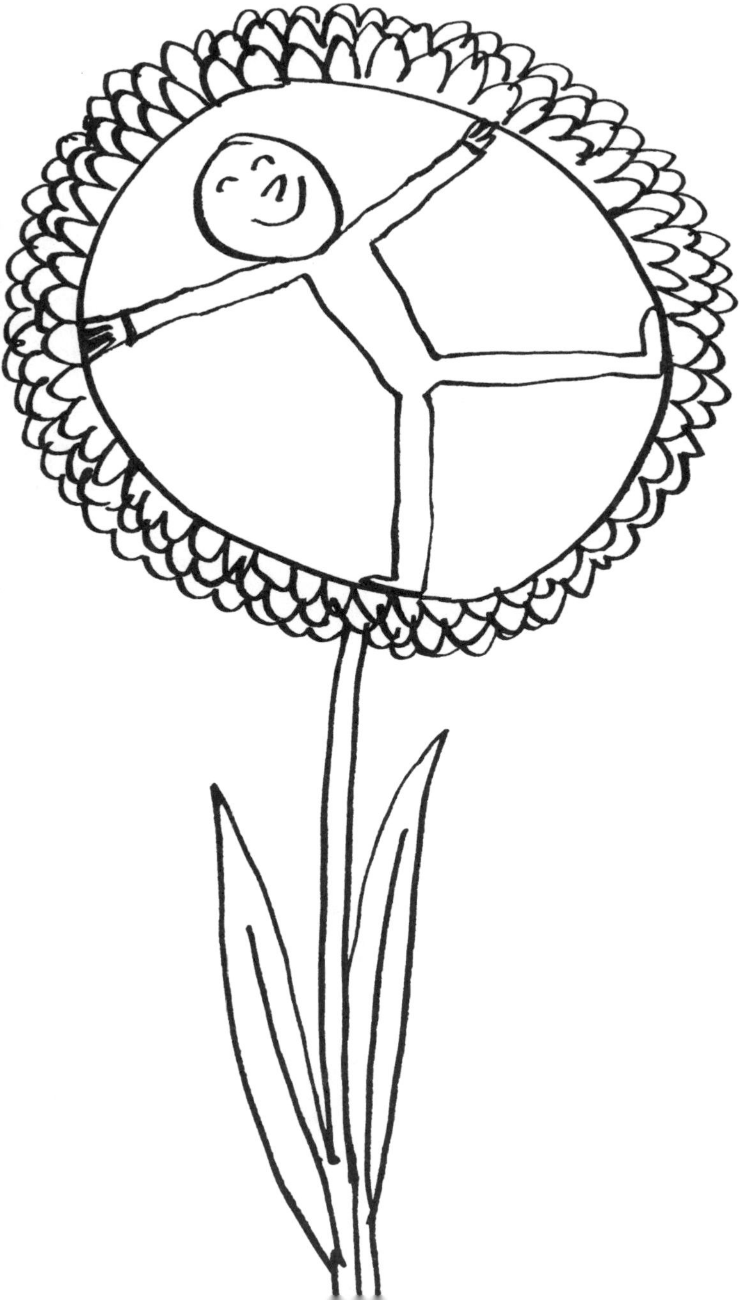

fais des calculs et des statistiques ! C'est pas mon truc ! »

Je lui ai conseillé de faire un BTS d'horticulteur. Et aujourd'hui, ce gars-là, il est adjoint au maire d'Antibes, chargé de la biodiversité littorale et marine. C'est formidable. Il est donc arrivé exactement là où il voulait aller. Il n'était pas sur la bonne voie à l'université.

Émile. – Les plantes ont-elles une influence sur notre santé ?

Jean-Marie Pelt. – Oui, bien sûr. C'est d'abord ce que l'on mange. La qualité de notre alimentation a une grande importance. Mais il y a aussi des plantes qui sont des médicaments.

Nous sommes très dépendants des plantes. Elles, ne sont pas dépendantes de nous, sauf quand elles ont été très élaborées, sélectionnées, génétiquement modifiées et que l'on en a fait des plantes quasi artificielles.

L'alimentation normale, quotidienne est constituée en grande partie de plantes ou d'animaux qui, eux, se nourrissent de plantes.

Nous n'en sommes pas conscients du tout.

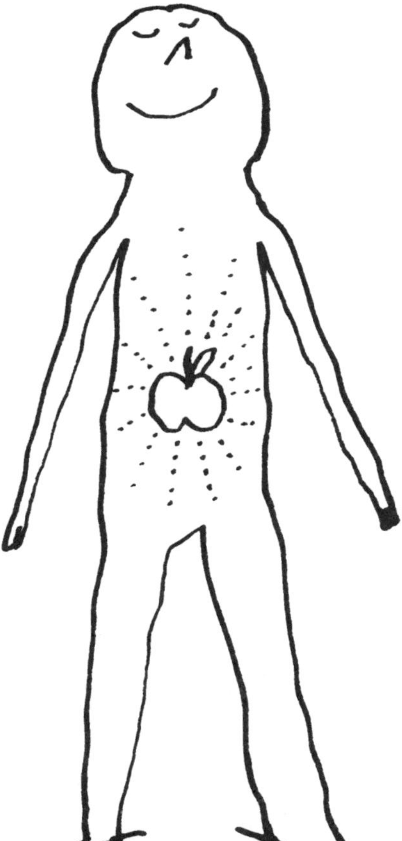

Émile. – Si on continue comme ça, ça va dégénérer ?

(Rires.)

Jean-Marie Pelt. – Oui, c'est nous qui allons dégénérer. C'est pour cette raison que ta génération est très importante. Il faut absolument que, dans ta génération, vous preniez le relais. Tu comprends bien que moi, je ne vais pas vivre encore cinquante ans. J'ai quatre-vingts ans et demi aujourd'hui et la seule chose que je peux faire, c'est d'essayer de passer le relais.

Dans cette maison consacrée à l'écologie que nous avons construite et qui est sous l'égide de saint François d'Assise, patron de l'écologie, dans cette maison, nous recevons beaucoup de jeunes comme toi, des groupes.

Mais il faudrait être plus nombreux pour faire ce travail d'explication, de prise de conscience. C'est vital.

Émile. – Ces jeunes, vous les avez vus enthousiastes ou éteints ? Parce que moi, si on fait ça dans mon collège, je ne suis pas sûr et certain que cela les intéresse, les problèmes d'écologie.

Jean-Marie Pelt. – Oui, je les ai vus attentifs. Moi, j'ai de l'espoir pour ce qui est de la jeunesse.

Elle apprend vite. Elle est vive. Elle est plus ouverte et plus intelligente que ce que l'on peut en dire. L'un des groupes était urbain, l'autre venait de la campagne. On sème des graines, disons. La présence de leurs enseignants est importante pour qu'ensuite ils puissent en reparler et que cela puisse continuer. Si c'est venir une heure pour ne pas aller en classe, cela ne sert à rien.

Quand je vais avec des jeunes dans le jardin, ce que je ne peux plus faire actuellement [Jean-Marie Pelt se déplace en fauteuil roulant, NdE], pour chaque plante, je peux raconter une histoire, une belle histoire.

C'est ainsi que la plante acquiert une présence : parce qu'elle est au centre d'une histoire. C'est là qu'elle devient remarquable. Elle joue son rôle particulier et les jeunes s'en souviennent quand ils la revoient. Exciter la curiosité, intéresser : il y a des façons de faire. C'est comme en cuisine. Il y a des manières, des tours de main pour rendre le plat appétissant. Ce sont les secrets de la pédagogie mais aussi du vivre ensemble.

Émile. – Ce qu'on enregistre va être diffusé dans des collèges. Est-ce que vous avez quelque chose d'important à dire aux collégiens ?

Jean-Marie Pelt. – Je leur dirais que ce que nous avons dit depuis le début de notre discussion, c'est essentiel. On a beaucoup abîmé la nature, surtout dans les pays tropicaux, en Asie du Sud-Est. On a détruit des forêts. Les Chinois sont très preneurs de bois et ont eux-mêmes déboisé les montagnes de l'ouest de la Chine ; quand il y a une forte mousson, la pluie bat le sol et il n'y a plus d'arbres, de litière, d'humus et par conséquent tout s'en va dans les rivières. Cela donne d'importantes inondations. Il y a eu des inondations de la taille de la France avec le débordement du fleuve Bleu, ce qui est extraordinaire pour nous. Il faut planter, respecter les espaces ruraux, forestiers et c'est le travail de tout un chacun de comprendre que l'on ne peut pas faire n'importe quoi. Il faut apprendre à soigner la nature.

Émile. – Il ne faut pas arracher les haies.

Jean-Marie Pelt. – Bien sûr que non. Les haies sont la maison de tout un tas d'êtres

AUTÉ

vivants et notamment des petites plantes qui se mettent sur la frange de la haie. Elles s'abritent là parce qu'elles ne sont pas touchées par les pesticides.

Il y a aussi la prise de conscience du réchauffement climatique, qui est très grave. Sécheresses et famines vont avec. Il faut faire du vélo, marcher à pied. Si on se déplace, il faut plutôt faire du covoiturage. Transports en commun plutôt que voiture individuelle.

Le climat va changer si on dépasse certains seuils. Quand tu auras mon âge, si les températures sont de quatre à cinq degrés plus élevées par rapport à ce qu'elles sont aujourd'hui, ce sera une catastrophe épouvantable avec des canicules à répétition et des décès prématurés pour des personnes fragiles.

Quand on fait des quêtes pour le cancer, c'est très bien, mais ce qui est encore bien plus important, c'est de faire disparaître les molécules suspectes qui donnent le cancer. C'est la prévention.

Il est très important de se nourrir comme il faut. On mange trop de viande rouge et de graisses saturées. Le menu McDo, c'est très mauvais ! Il faut le dire et le redire à tes copains :

n'avalez pas n'importe quoi sous prétexte que cela fait mode ! Faites attention à vous ! Soyez exigeants !

Émile. – Vous avez parlé de la viande rouge. Le truc très à la mode en ce moment, c'est de manger des insectes. Ça peut être une solution ? Ça paraît un peu bizarre, quand même.

Jean-Marie Pelt. – Cela a fait partie d'une culture en Asie du Sud-Est. Enfin, il y a de quoi manger autre chose que des insectes. Chez nous, cette tradition n'existe pas. C'est une mode, une tendance portée par certains médias, journaux, radios ou télés qui cherchent toujours quelque chose à se mettre sous la dent *(rires)*.

Tu connais Pierre Rabhi ? Pierre Rabhi, il faut le connaître et le faire connaître. C'est un homme de soixante-quinze ans qui travaille sur l'agroécologie. Il a une ferme avec des pratiques très proches de ce que nous avons évoqué tout à l'heure. Il se donne beaucoup de mal pour que ces pratiques se diffusent dans le Sud. C'est un homme formidable, un prophète contemporain. Il y a des gens comme cela qu'il faut écouter plutôt que les médias.

Émile. – Beaucoup d'espèces végétales sont en voie de disparition. Combien ?

Jean-Marie Pelt. – Il n'y a pas d'accord précis là-dessus. Tu as des espèces qui sont très localisées, qui sont présentes sur une superficie de la taille de ce bureau et pas ailleurs. Évidemment, si un accident se produit à cet endroit-là, c'est fini.

Beaucoup de chiffres circulent, mais on ne sait pas trop. Quand une espèce disparaît, on ne l'annonce pas au *JT* de vingt heures. On ne dit pas : « Cet après-midi, à seize heures, telle espèce a disparu au fin fond de je ne sais quelle île lointaine. »

Il n'y a pas non plus de commémoration pour ces défunts-là.

J'ai fait une série de vingt-six films, qui s'appelait *L'Aventure des plantes*, que l'on trouve sur le site de l'Institut national de l'audiovisuel. Nous avons montré une espèce disparue sur une planche. Figure-toi qu'on l'a retrouvée ! Cela arrive…

Malgré tout, les chiffres qui courent, c'est une perte de vingt pour cent des espèces dans les cinquante années à venir.

Émile. – Est-ce que les plantes peuvent se comporter comme les humains qui se battent pour avoir le pouvoir sur les autres ?

Jean-Marie Pelt. – Oui, il y a des guerres chimiques chez les plantes. Certaines plantes émettent par leurs racines des substances toxiques pour les autres plantes. L'ail fait partie de ces plantes. C'est aussi le cas de l'eucalyptus. L'astuce, c'est de prendre à notre compte cet avantage. C'est ce qu'on fait pour le riz, car il y a des variétés de riz qui nettoient tout ce qu'il y a autour : on les croise avec des variétés de riz très productrices pour obtenir des variétés de riz très productives qui n'ont pas besoin de pesticides car elles font le travail par elles-mêmes.

On peut donc jouer intelligemment avec la nature en favorisant ses propres capacités.

On a remarqué que des petits champignons du sol amènent à la plante tout ce dont elle a besoin – de l'eau et des sels minéraux –, ce qui rend service à la plante : s'il y en a beaucoup, elle pousse beaucoup mieux.

Là, c'est pareil, si on ensemence des spores de ces champignons, on augmente la production. Ce sont des méthodes naturelles.

On peut aussi stimuler les défenses naturelles. C'est ce que l'on fait quand on a la grippe. On prend des extraits d'une plante américaine qui s'appelle l'*Echinacea* et qui nous rend plus résistant.

Émile. – Que pensez-vous des OGM ?

Jean-Marie Pelt. – J'en pense du mal. J'ai suivi les expériences faites sur les rats. Les rats nourris au maïs OGM ont développé des maladies très alarmantes. Il faut les laisser tomber pour l'instant. Il faut faire en sorte que les gènes ne se transmettent pas à des plantes saines, sinon ces plantes pourraient être contaminées.

Émile. – On peut faire des OGM avec les animaux ?

Jean-Marie Pelt. – Oui. C'est au niveau expérimental. On fait aussi des thérapies géniques pour rendre inefficaces les gènes qui sont responsables de maladies orphelines. C'est une piste de la médecine qui est en train d'être travaillée.

Émile. – Est-ce que, si on arrivait à supprimer complètement les maladies, cela aurait des conséquences ? Parce qu'elles ont quand même une utilité ?

Jean-Marie Pelt. – C'est la question de l'éradication. C'est très dur. Il faut de longs efforts, qui sont menés par des organismes comme les Nations unies, en matière de santé mais, bien sûr, il y a des maladies que l'on aimerait voir disparaître.

Une maladie qui a relativement disparu chez nous, c'est la tuberculose. Quand j'avais ton âge, il y avait des timbres anti-tuberculeux. C'était la maladie de l'époque, parce que la révolution industrielle avait emmené beaucoup de paysans dans les manufactures sans air, sans lumière, dans la poussière, et leurs poumons étaient très fragilisés. Et puis on a amélioré l'hygiène, on a trouvé des médicaments et elle a beaucoup reculé.

C'est le cancer qui a pris le relais. Il est très lié à la dégradation de la qualité de la nourriture et de l'environnement. L'Union européenne a lancé un grand programme pour vérifier les molécules de certains produits. On a retiré des marchés à peu près cinq cents pesticides parce qu'ils étaient suspects. C'est comme ça qu'il faut s'y prendre.

Émile. – Est-ce que le cancer est toujours la même maladie ?

Jean-Marie Pelt. – Oh, c'est très compliqué le cancer. C'est la même maladie, mais sous des formes extrêmement différentes, c'est une famille de maladies. On personnalise les traitements en fonction des personnes.

Émile. – Qu'est-ce qu'on va penser de notre époque dans cinquante ou cent ans ?

Jean-Marie Pelt. – Que l'on était très imprudents. On a fait beaucoup de bêtises. Il est dit dans la Bible que la Terre a été confiée aux hommes pour qu'ils en soient de bons jardiniers. On aura été de mauvais jardiniers, c'est sûr. Si on poursuit comme cela, la Terre sera vraiment en très mauvais état. C'est dramatique pour tous.

Émile. – Est-ce qu'on peut faire diminuer les gaz à effet de serre ?

Jean-Marie Pelt. – L'Union européenne a prévu de diminuer de vingt pour cent en 2020 les quantités de gaz carbonique émis dans l'atmosphère. Ce projet va probablement aboutir parce que, dans ce domaine-là, l'Europe est plus performante que les autres régions du monde. Peut-être que l'on nous décernera un brevet de bonne écologie, parce qu'elle a aussi mené un très grand programme de protection des milieux naturels qui s'appelle Natura 2000. On a placé en protection beaucoup d'espaces intéressants par la variété des espèces, par l'écologie des lieux.

Le programme de détermination des molécules suspectes, c'est aussi un grand programme européen.

Les gens ne savent pas tout ça. L'Europe, ça sert aussi à quelque chose. Les gens pensent que l'Europe, c'est épouvantable, que cela nous brime et nous contraint. Il y a aussi des aspects positifs.

Émile. – Quelle serait votre conclusion ?

Jean-Marie Pelt. – Pour finir, on peut peut-être réaffirmer qu'il faut développer une éthique, une dimension spirituelle et que toutes les sociétés et toutes les spiritualités ont adopté ce qui s'appelle la règle d'or :

« Ne fais pas aux autres ce que tu ne voudrais pas qu'ils te fassent à toi. »

C'est vrai partout. C'est une belle idée. Cela peut être un mot d'ordre. Cela peut toucher aussi les animaux et les plantes.

C'est l'idée d'une plus grande fraternité. Des humains plus paisibles, moins belliqueux, et aussi moins destructeurs de l'ensemble des autres espèces.

Cette phrase, garde-la en mémoire, je te la donne, c'est pour toi. Pour toi et tes camarades. Dis-le-leur, Émile.

Émile. – Merci, monsieur Pelt. Merci pour tout.

Jean-Marie Pelt. – Tiens, Émile, je t'offre ce livre.

Il lui tend le magnifique livre Les Voies du bonheur, *édité chez La Martinière, avec le photographe Sebastião Salgado.*

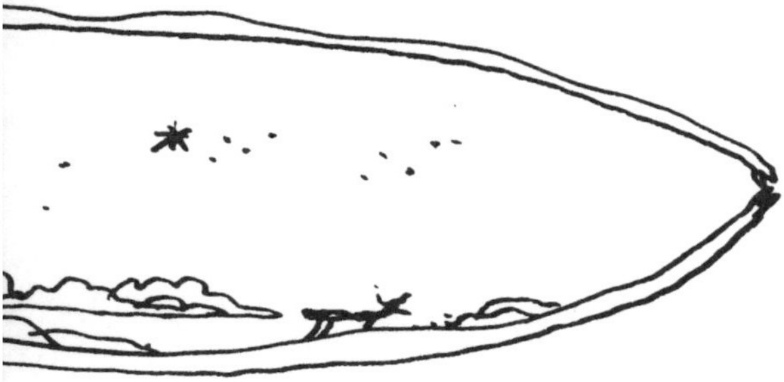

Émile

Émile est un collégien actuellement en classe de quatrième au collège Noël-Berrier de Corbigny dans la Nièvre. Il habite un hameau du village de La Collancelle qui compte une centaine d'habitants et a effectué son cycle primaire dans les villages alentour réunis dans un regroupement pédagogique.

Le relais entre deux générations : une qui vient et l'autre qui va

Définition : un relais est un système, une organisation ou un réseau qui fait le lien entre deux ou plusieurs agents partageant le même objectif. Comme chacun de nous, Émile est un relayeur, dans la mesure où chaque humain qui disparaît laisse un patrimoine de connaissances et d'expériences à ses semblables et en particulier aux jeunes générations. Dans la course à la vie, il s'agira de mettre en lumière les liens indispensables qui régissent la vie des sociétés et le processus humain.

Un ado curieux, les pieds posés sur un socle qui se construit en permanence

Émile est curieux de ce qui se passe à ses pieds et même au-delà. C'est pourquoi nous lui avons proposé de rencontrer ceux et celles qui, encore vivants, pensent le monde d'aujourd'hui, qu'ils soient poètes, scientifiques, artistes, philosophes, linguistes…

Des intellectuels, des artistes, des poètes en mesure de trouver les mots et la manière pour dire l'essentiel, faire passer l'excellence, exacerber les certitudes

Si Émile s'intéresse au monde et à ceux et à celles qui le pensent, ceux et celles qui pensent le monde s'intéressent-ils à Émile ? Et comment lui parlent-ils ? Avec quels mots ? Peut-on imaginer un dialogue intergénérationnel respectant le principe d'égalité des intelligences ? Sans effet de domination, de condescendance… Faire passer des connaissances ou insuffler une passion pour la connaissance ? Susciter ou imposer ? Libérer ou écraser ? Ouvrir ou fermer ?

Un ado audacieux...

Émile a eu l'audace de répondre oui ! à l'invitation de Jean Bojko et du TéATr'éPROUVèTe dans le cadre d'un projet de mise en scène dans l'espace social autour du point d'interrogation « Un point c'est tout ! ». Ce projet est soutenu par le ministère de la Culture (DRAC Bourgogne), le conseil régional de Bourgogne et le conseil général de la Nièvre.

Dans la même série

Avec Émile :
C'est quoi être en bonne santé ?, entretiens avec Jean-Paul Escande
C'est quoi le langage ?, entretiens avec Claude Hagège
C'est quoi apprendre ?, entretiens avec Philippe Meirieu
C'est quoi penser par soi-même ?, entretiens avec Jean-Luc Nancy
C'est quoi être riche ?, entretiens avec Monique Pinçon-Charlot et Michel Pinçon

Et de nombreux autres à venir…

Achevé d'imprimer en mars 2015
sur les presses de l'imprimerie Pulsio
pour le compte des éditions de l'Aube
Rue Amédée-Giniès, F-84240 La Tour d'Aigues

Numéro d'édition : 1180
Dépôt légal : avril 2015

Imprimé en Europe